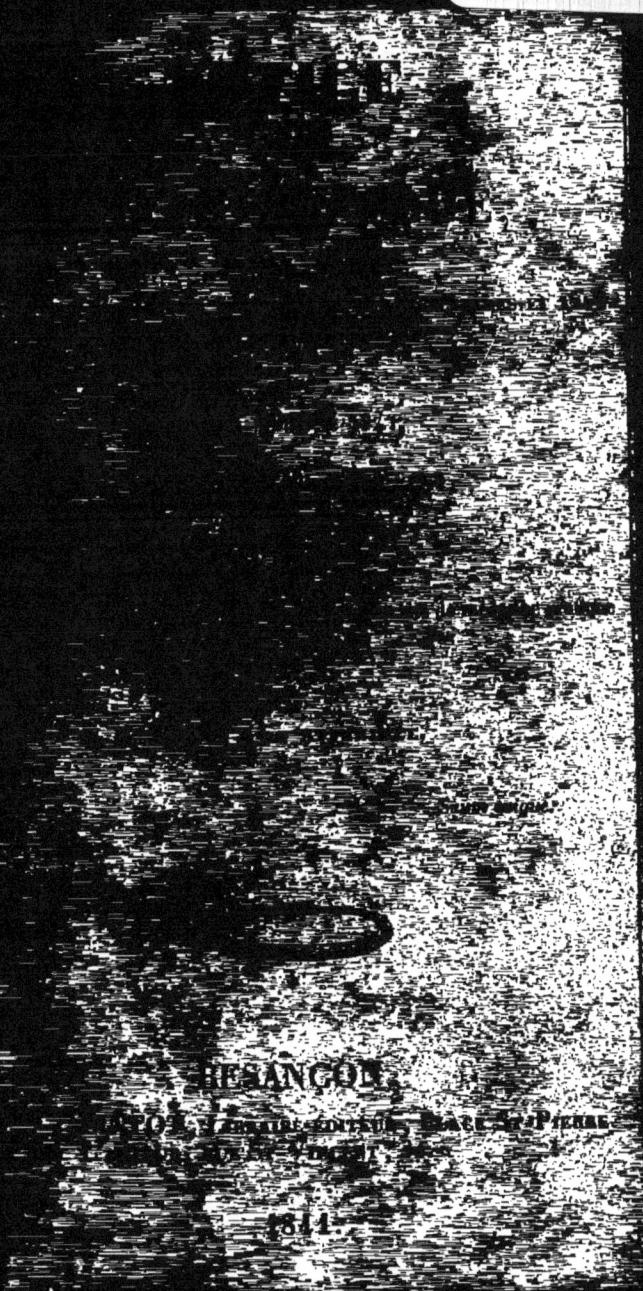

BESANÇON

NOTICE

PHYSIOLOGIQUE.

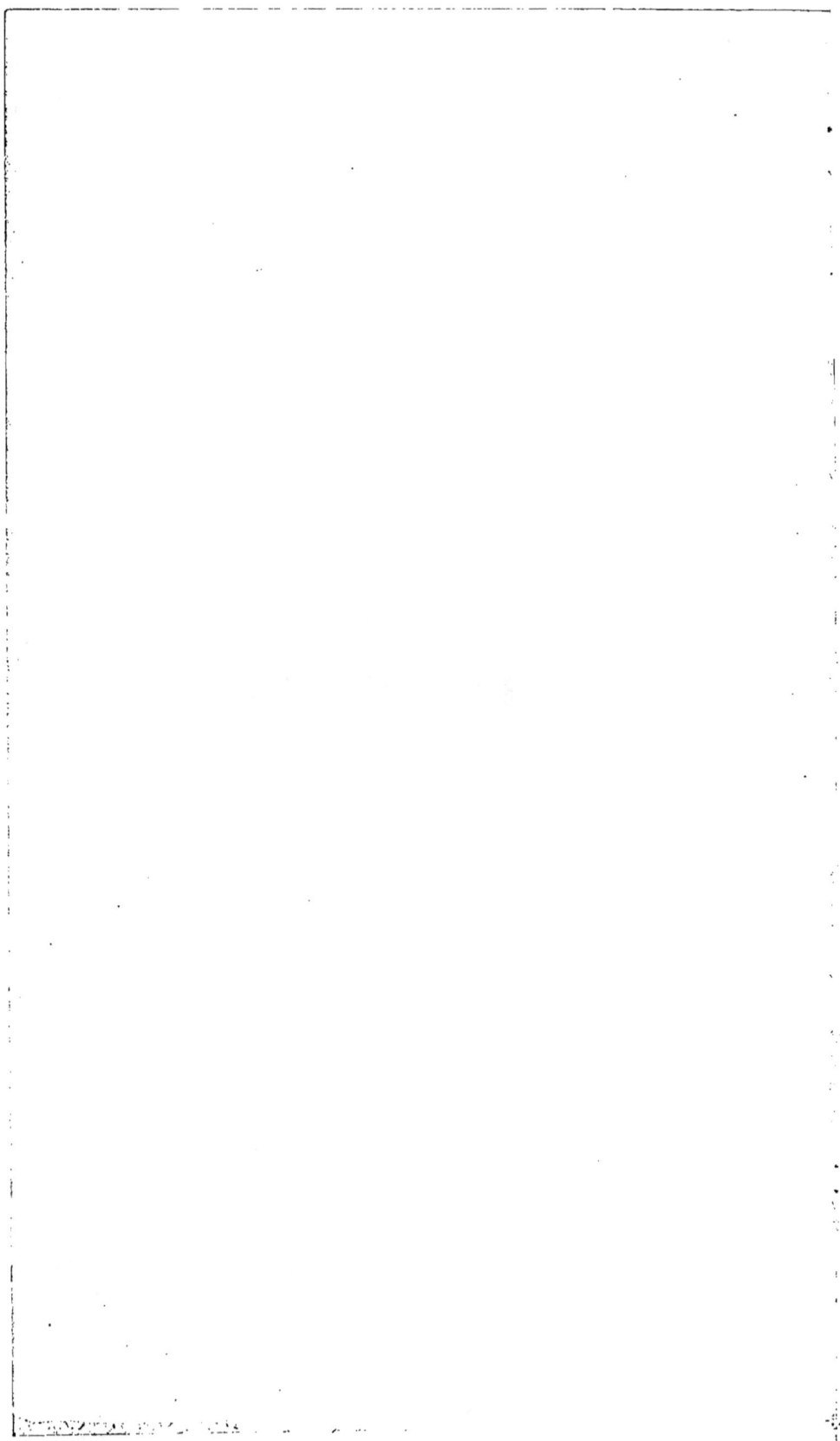

NOTICE

PHYSIOLOGIQUE,

LUE DEVANT L'ACADÉMIE DES SCIENCES, BELLES-LETTRES ET ARTS
DE BESANÇON,

Le 22 Juillet 1841,

PAR

A. L. De Lorimel,

Docteur en médecine, Membre honoraire de la Société de médecine pratique
de Paris, etc., etc.;

SUIVIE D'UN APPENDICE.

Suum cuique.

BESANÇON;

Chez { BINTOT, Libraire-Éditeur, Place St-Pierre.
{ L'auteur, rue St-Vincent, 32.

—

1841.

NOTICE

LUE DEVANT L'ACADÉMIE DES SCIENCES , BELLES-LETTRES
ET ARTS DE BESANÇON , LE 22 JUILLET 1841.

Suum cuique.

———————

MONSIEUR LE PRÉSIDENT ,

MESSIEURS ,

JE n'ai pas encore prononcé une parole et ma voix se
trouble ; je ressens au milieu de vous une émotion difficile à peindre, et pourtant je les entends et depuis long-
temps je me les répète ces mots si purs qui partent d'un
bon cœur : Parle sans crainte, car ta parole sera sans fiel ;
une mordante, une amère critique ne doit pas sortir de ta
bouche; la vérité, oui la vérité seule comme tu l'a conçue ,
comme tu dois l'émettre, comme tu désires qu'elle soit envi-
sagée, ne peut avoir pour auditeurs, dans ce monde savant,
que des juges impartiaux et portés à l'indulgence.

J'ai compté, j'ose le dire, Messieurs, beaucoup moins sur

1

le mérite de cette Notice, que sur votre bienveillance particulière; c'est le seul espoir qui me soutiendra jusqu'au bout.

Ne croyez pas que ce soit présomption ou témérité de la part de l'auteur, s'il a pris pour sujet d'une lecture un point si élevé et si ardu de la science médicale; non, Messieurs, c'est conviction, conviction intime, fruit de longues veilles, de pénibles études et d'observations nombreuses recueillies constamment et avec conscience.

Suis-je encore dans les obscures ténèbres de l'art de guérir? Suis-je encore et resterai-je à jamais dans l'erreur la plus profonde? Je ne puis me le persuader; non, Messieurs, je ne puis le croire; et si pourtant votre sain jugement ne croyait pas devoir se persuader de ce que j'avance, usez de toute votre indulgence, usez de tout votre talent pour me dissuader, pardonnez à mon erreur, (car *errare humanum est*) en faveur de l'humanité et de la science que je croyais servir, et dites pour ma consolation ces mots pleins de vérité : l'auteur a été de bonne foi, mais l'homme propose et Dieu, Dieu seul dispose !

Avant d'entrer en matière, daignez permettre, Messieurs, que j'aie l'honneur, en peu de mots, de vous faire lier connaissance avec l'auteur modeste qui va bientôt vous dévoiler toute sa pensée.

Né à Paris en 1784, déjà depuis 1799 jusqu'en 1803 je figurais parmi les élèves studieux de l'école de médecine, de l'école pratique de l'Hôtel-Dieu de Paris. Il y a quelque orgueil à citer les noms de mes maîtres : Pinel, Bichat, Hallé, Landré Beauvais, Recamier, Pariset et tant d'autres savants médecins m'initièrent à la science médicale ; tandis que Pelletan, Antoine Dubois, Boyer, Dupuytren et tant d'autres habiles chirurgiens guidaient ma main armée d'un scalpel scrutateur. Entré alors au service militaire, je ne rentrai en France qu'en sortant des prisons de la Bohême, en 1814, peu fortuné, sans emploi. Sans emploi, et pourtant j'étais chirurgien chargé en chef du service de l'hôpital des officiers à Dresde, avant et lors de sa capitulation. J'ai servi sous les yeux de nos plus grands chirurgiens militaires, comme sous les ordres de nos plus savants médecins. Il faudrait en citer un si grand nombre que je m'en abstiendrai et me bornerai à deux noms : Wailly, médecin profond, savant, intrépide, mort enfin victime de son zèle et de son amour pour la science et l'humanité ; Brown était son Dieu. L'indépendance de son caractère, son stoïque dévouement dans toutes les épidémies, son entier désintéressement, captivèrent ma pensée et donnèrent à ma vie son exemple pour guide. Broussais sera le second.... Que dire de cet être si grand, si vaste ! Laissons au temps et à l'histoire à le juger. Ne serait-ce pas un flambeau, malheureusement éphémère, dont la lumière n'a éclairé le monde médical que pour l'éblouir !

On se figurera bien, sans doute, que, pendant ma longue pérégrination militaire, je n'ai négligé aucuns moyens de m'instruire et de profiter des doctes leçons des savants de tous les pays. L'Italie, où je suis resté très long-temps, laisse en ma mémoire une ample vénération pour les Rossi, Scarpa,

Rosa , Sografi , Malacarne et tant d'autres illustrations.

Peu après m'être établi dans le département de la Seine , j'y obtins deux coupes vaccinales , primes décernées en 1817 et 1818 pour l'arrondissement de Sceaux , dont je fus nommé médecin des épidémies en 1818. Gradué en Italie en 1807, je dus en 1821 remplir toutes les formalités, soutenir tous les examens et une thèse pour obtenir le titre de docteur. Fixé à Paris , j'eus l'honneur d'être membre de la société de médecine pratique , dont je fus pendant plusieurs années secrétaire de la section de médecine , et dont je suis membre honoraire depuis 1832. Également membre de la société des sciences physiques et arts agricoles et industriels de Paris, en 1834; enfin, Messieurs, auteur de divers Mémoires à l'académie, voici mes titres à votre indulgence, et, si j'ose l'espérer, à vos bienveillants égards. Il me reste cependant encore un autre titre ; oserai-je en parler, si vous ne me permettez pas de vous dire que c'est à l'exemple de Wailly que je dois l'honneur d'avoir obtenu de la ville de Marseille des lettres honorables , une médaille et un diplôme comme récompense civique de la conduite, du dévouement que j'y ai montrés dans le choléra de 1835 ? Ah ! merci, merci, Wailly ! ce trait sort de toi, et il ne serait pas, je crois , déplacé dans ta vie, au milieu des bienfaits et des actes de dévouement dont elle est pleine ; reçois-en ma reconnaissance !

Médecin nomade, vieux chirurgien-major ambulant, je dois pourtant m'arrêter. Où me fixer ? Aimant la science, aimant la pratique de mon art , il me fallait choisir une localité dans laquelle je pusse encore profiter de l'une et de l'autre. Parmi tant de villes célèbres en France, par leurs académies, leurs écoles, leurs sociétés médicales, savantes et industrielles, j'ai cru devoir choisir cette ville. Besançon m'offre toutes ces ressources ; de plus, n'est-ce pas le pays des Francs-Comtois ? chez lesquels l'amour du travail, l'amour de la patrie, l'amour de la liberté sans licence, l'amour de l'ordre, l'amour de la vérité et surtout l'amour de la religion se trouvent réunis ! Puissiez-vous, Messieurs, me reconnaître digne d'être des vôtres, et je me trouverai récompensé de toutes les vicissitudes d'une longue vie consacrée à l'étude de la science et au bien-être de l'humanité.

Pardonnez, Messieurs, à cette longue digression, mais je l'ai crue nécessaire pour captiver votre bienveillance, avant de vous mettre à même d'apprécier à sa juste valeur la notice qui suit :

ARS LONGA, VITA BREVIS, EXPERIENTIA FALLAX, JUDICIUM DIFFICILE.

Bien des siècles avant la révélation de la naissance du Christ et le commencement de notre ère actuelle, un philosophe avait prononcé ces paroles mémorables et profondes, expression d'un esprit droit, juste et mûri par l'âge et par l'observation la plus scrupuleuse de la vie humaine.

L'oracle de Cos appuyait ces paroles précieuses d'innombrables vérités médicales ; aussi la reconnaissance des Grecs fut immense pour ce génie, et des statues sans nombre lui furent décernées même avant sa mort.

J'ose l'avouer, Messieurs, oui, je crois en Hippocrate, il a toute ma foi médicale, et pourtant que souvent et combien de fois n'a-t-on pas cherché à l'ébranler par des théories captieuses, faciles et ornées de tout le charme de la nouveauté. Ce n'est qu'après de bien longues et de bien pénibles luttes, que j'ai pu ne pas céder à l'entraînement général, et chaque jour je m'en félicite, en voyant un nombre infini de médecins instruits, égarés un moment, rentrer au vrai bercail médical.

Long-temps avant Hippocrate l'art de guérir était. De tout temps l'existence de l'homme a été, je dois le croire, assujétie à bien des maux, à bien des infirmités, quoi qu'en aient dit maints auteurs sur l'âge d'or.

Pour soulager leurs semblables, des femmes, sans doute d'abord, oui des femmes, car à elles, plutôt qu'à nous autres hommes, appartient le pouvoir et le charme de la consolation, se sont adonnées à ce doux et précieux devoir; mais bientôt insuffisantes, des hommes se sont joints à elles, et la médecine devint une espèce de droit acquis ou d'héritage dans quelques familles, qui, dans le secret, s'instruisaient mutuellement et ne confiaient à nul autre les arcanes qu'il fallait employer dans telle ou telle maladie. De nos jours encore l'art de guérir semble être patrimonial, mais il n'y a plus d'arcanes à céder. Grâces enfin soient rendues à Hippocrate, qui, profitant de tout ce que ses devanciers avaient dit, transmis ou écrit, fit une science d'un art mercenaire et diffus! Ainsi de nos jours, nous pouvons le dire avec orgueil, nous Français, par sa philosophie chimique, Fourcroi fit une science de la chimie, qui jusqu'à lui n'était qu'un art de manipulation. Ainsi de nos jours, et nous pouvons encore le dire avec orgueil, nous Français, Pinel par sa Nosographie philosophique retrempa la science médicale. Mais n'anticipons pas sur les temps, ni sur les faits.

La vérité est lente dans sa marche, elle pénètre difficilement, mais une fois fixée, elle résiste sans s'émouvoir à tous les efforts faits pour la détruire; l'erreur au contraire avance à pas de géant, court, vole, s'insinue partout, séduit tout; mais tôt ou tard s'arrête, se détruit, s'annihile, s'éclipse soit par elle-même, soit par une autre erreur qui aussi, enfin, fait place à l'inébranlable vérité.

Oui, l'art est long, on peut même dire très long, très pénible, par les études dites humanités qu'il faut nécessairement faire entières, par les études des sciences accessoires, par le stage dans les écoles d'enseignement médical, pour s'y instruire de la science, subir des examens, soutenir une thèse, enfin pour être gradué. L'art est long par la constante fréquentation des hôpitaux, où la médecine clinique seulement s'apprend sous la tutelle d'hommes profondément instruits dans l'art de guérir, et où les placent, à juste titre, leur grand mérite et leur immense savoir.

L'art est long, la vie est courte. Quelle vérité! En effet, si l'on considère toutes ces années passées dans un labeur constant et pendant lesquelles tant de jeunes gens studieux succombent, comme pour témoigner à l'humanité du sacrifice qu'ils espéraient faire de leur existence, on devrait entourer d'une haute et brillante considération les hommes qui se vouent à l'art de guérir ; car, outre les services qu'ils rendent chaque jour à leurs semblables, il faut qu'ils consacrent leur vie entière à l'étude, non-seulement pour se mettre constamment au niveau de la science actuelle, mais pour approfondir cette même science dans sa marche antique, ancienne et progressive. La vie d'un homme peut-elle suffir à tant d'exigences, surtout si sa réputation ou ses goûts l'obligent encore à se livrer à la pratique de son art? Celui-là n'est pas comme le médecin seulement littérateur, qui, dans son cabinet, lit, compulse, compare, compile souvent tous les faits du jour pour les caser, les coordonner et les faire entrer en ligne dans les progrès de la science. Le médecin praticien ne doit-il pas apprendre, ainsi que le dit l'oracle de Cos, à connaître l'air, l'eau et les lieux dans lesquels il va mettre en œuvre le fruit de ses pénibles études? Aussi devra-t-il changer de médication, s'il opère pour une maladie donnée, soit en hiver, soit en été; dans une atmosphère ou pluvieuse ou sèche; sous le ciel pur et brûlant de Naples, ou sous celui gelé et brumeux d'Amsterdam. Ah! disons-le : cette maladie donnée n'est donc plus la même? La prédisposition des individus, la manière d'être, de vivre, les habitudes, le logement, ne sont-ce pas des causes toutes influentes pour modifier à l'infini les tempéraments? tempéraments qu'il faut souvent étudier long-temps pour connaître les modifications qu'ils ont pu apporter dans cette maladie donnée. La vie d'un médecin est-elle assez longue pour atteindre ce but ? Appliquons-lui donc ces paroles de vérité à titre de consolation pour la souffrante humanité : MULTI SUNT VOCATI, PAUCI VERO ELECTI.

L'expérience est trompeuse, dit aussi ce divin vieillard. Certes, il disait vrai dans ces temps reculés où l'anatomie humaine n'était connue que comparativement, et dès-lors où toutes les fonctions animales n'étaient que mal appréciées. De nos jours, nous devons hautement l'avouer, l'anatomie générale, l'anatomie descriptive, l'anatomie par régions, enfin l'anatomie pathologique, sont des connaissances acquises et que tout médecin doit approfondir pour se livrer avec plus de certitude à l'exercice de l'art. L'expérience devait être bien trompeuse et bien difficile à acquérir au médecin ; car à présent même, quoique d'innombrables travaux soient venus applanir la plupart des difficultés qui existaient en ces temps-là, ouvrir d'autres routes plus sûres pour parcourir l'immense carrière que nous avons à explorer, il nous reste bien des doutes à éclaircir, et souvent se présente à nos yeux une expérience trompeuse.

Il en est de l'expérience médicale comme de celle de toutes les autres sciences, de tous les arts ; elle ne s'acquiert qu'avec le temps, et souvent elle est trompeuse ; car elle se présente si belle, elle est si séduisante à notre imagination ardente, à nos têtes jeunes encore, quoique fort instruites, que nous nous empressons de l'adopter telle qu'elle s'offre. Que d'erreurs ne reconnaissons-nous pas quand l'âge vient nous mûrir, désiller nos yeux et nous présenter les choses à travers le prisme de la vérité ? Ce n'est pas ici, croyez-le bien, Messieurs , jeunes et doctes confrères, une pierre que je veux lancer dans votre jardin , une guerre que je cherche à vous déclarer ; c'est un passage de ma vie que je cite, et ne le cite encore qu'en tremblant pour le passé et avec toute la pudeur d'une âme honnête. Je n'avais pas atteint ma vingt-troisième année, que les officiers en chef de Dalmatie osèrent confier à mes soins la direction d'hôpitaux militaires. Instruit, je l'étais ; zélé , je l'étais ; mais quelle expérience pouvais-je avoir alors ?... Ah ! rentrant dans le forum de ma conscience, je puis dire : j'eus tort d'accepter un pareil honneur, mais on eut bien plus tort de me l'offrir ; car chaque jour je me demande : ferais-je en ce jour ce que je faisais alors ? Mon silence répondra assez... Vous serez dès-lors persuadés , mes chers confrères, que ce n'est pas une guerre que je cherche, mais un simple aveu qu'il fallait que je fisse , parce qu'il me pesait depuis long-temps , et dont mon expérience, peut-être encore trompée en ce moment , avait besoin de se débarrasser pour le calme de ma conscience.

Le jugement est difficile, dit enfin Hippocrate pour terminer sa période. Sans doute rien n'est plus difficile à prononcer dans certains cas. Le médecin doit avoir un esprit sain et dégagé de toutes préventions, et doit considérer bien des choses avant de l'asseoir, se faire un tableau bien exact de tous les symptômes de la maladie qu'il observe , connaître tous les prodromes existants avant et dans le principe de la maladie ; remarquer l'état atmosphérique, les localités générales du lieu où la maladie se déclare ; savoir si elle est épidémique, endémique, sporadique, contagieuse ; examiner le lieu habité par le malade ; s'informer de ses habitudes particulières, de ses moyens d'existence et des causes présumées qui ont pu donner naissance à cet état morbide. Avant même de prononcer son jugement, le médecin ne doit-il pas encore scruter sa mémoire, pour se rappeler si un ou plusieurs cas semblables ne se sont pas présentés à son expérience ? si telle ou telle autre médication doit être préférée ? si encore il est dans le doute, ne doit-il pas se remémorer les écrits, les leçons ou les exemples qu'il aura lus, entendus ou vus depuis qu'il s'est livré à l'étude ? et, ne s'en rapportant pas toujours à lui-même, malgré toutes ces données, il ne doit pas balancer, dans les cas difficiles ou graves, à demander l'avis d'un ou de plusieurs praticiens. D'ailleurs, par cette démarche précieuse pour le malade, affectueuse pour la famille qui l'entoure, il mettra sa réputation à couvert, il captivera la confiance ; sa conscience n'aura rien à se reprocher, son âme sera calme, sa pensée nette !

Noli mentiri, dit Caton, et pourtant, dans son jugement, le médecin peut-il toujours être vrai ? Il a la conviction intime de la mort du malade auquel il prodigue ses soins avec un dévouement affectueux. Devra-t-il dire cette farouche vérité : perdu !... au dessus des ressources de l'art !... Dieu seul !...

Mais si cette cruelle vérité ne peut tuer le malade, elle écrase, elle foudroie, elle tue les assistants, la famille éplorée qui, là présente, observe avec la plus scrupuleuse attention les moindres mouvements de la pensée du médecin sur sa physionomie, qui constamment devrait être impassible. Combien de fois n'ai-je pas vu, et spécialement pendant le choléra à Marseille, d'exemples par trop frappants de cette vérité ? La frayeur, les passions vives de l'âme suffisaient pour déterminer, *ex abrupto*, le choléra, et dans ce cas la mort était probable !

Disons donc : le médecin est dans une position bien pénible, bien scabreuse, quand il doit et qu'il ne peut prononcer son jugement sur une maladie dans laquelle les jours du malade sont en danger. Souvent il y risque sa réputation, son avenir ! S'il tergiverse, s'il croit devoir laisser du doute dans son pronostic, on dit : il ne connaît pas bien la maladie ; si ce pronostic est fâcheux, prévoyant la mort, on dit : il est dur, cruel, un autre aurait tiré le malade d'une telle position ; si plus compatissant que franc, son pronostic semble être plus favorable qu'il ne devrait être et que le malade succombe, on dit : c'est un ignorant ; et dès-lors on ne lui tient compte ni de ses veilles, ni de ses soins empressés, ni de sa complaisance, ni de son affection, ni même de la douleur qu'il ressent en perdant son malade. Ah ! qu'on connaît peu l'âme d'un médecin, quand on doute de ses attachements, de l'anxiété, des tourments qu'elle éprouve, quand il voit une mère éplorée lui demander son enfant ; une épouse, une famille, un père, un mari, des amis, lui réclamer les victimes que la mort va frapper! Ah! qu'on la connaît peu, quand on ne la plaint pas! Les médecins et chirurgiens militaires, non moins instruits souvent que les praticiens civils, ainsi que les hommes placés dans de grands hôpitaux, ont, dit-on, plus d'âpreté, de rudesse, de dureté dans leurs manières. C'est une erreur qu'on détruira bien vite, si l'on veut considérer qu'ils ont les uns comme les autres une discipline à suivre, une hiérarchie à faire observer, un ordre et une grande responsabilité à maintenir. On ne doit pas toujours juger sur l'apparence, ni sur les formes; le fond seul doit faire apprécier l'homme.

Je pourrais appuyer ces considérations de beaucoup de documents pour en prouver toute la vérité, mais je me bornerai au récit très succinct du dire de divers médecins âgés qui jouissaient, de nos jours encore, d'une haute réputation de savoir. Le caustique Petit-Rudel disait en grec et en latin à qui voulait l'entendre. « Si j'avais su il y a trente ans ce que j'ai appris depuis, j'aurais sans doute bien moins erré, mais que voulez-vous, on ne peut apprendre tout en un jour. » Le phlébotomiste Bosquillon disait plus modestement en latin ou en français : « Ah! si j'avais su plus tôt qu'avec des saignées répétées on pouvait changer une fièvre maligne en fièvre putride, et que l'on guérît plus facilement de celle-ci que de l'autre; de combien de guérisons n'aurais-je pas remplacé les noms inscrits sur mon Nécrologe. Écoutons les Montaigu, les Petit, les Roux, les Pinel, les Hallé et tous ces célèbres médecins, nous répéterons comme symbole de vérité ce profond aphorisme du grand maître :

ARS LONGA, VITA BREVIS, EXPERIENTIA FALLAX, JUDICIUM DIFFICILE.

Pourquoi la mort impitoyable n'a-t-elle pas laissé à cet aigle du Val-de-Grâces le temps de confesser, d'avouer, de reconnaître ses erreurs? Je reste persuadé que si un âge plus avancé lui eût été réservé, il n'eût pas tardé à désavouer ce qui n'était et ne pouvait être que l'expression d'une fougue brûlante encore du désordre de la jeunesse. Déjà tu ne flétrissais plus de ta verge caustique tous ces médecins dogmatiques, ontologistes à conscience pure, à conviction intime, qui, avaient pour toi l'incrédulité de saint Thomas et pour lesquels tu n'étais pas le Sauveur.

Songez, Messieurs, que Broussais s'est trompé comme philosophe, qu'il a erré comme médecin. J'abandonne le philosophe et m'attache au médecin qui pouvait rendre tant de services à la triste humanité. Broussais quoique écrivant constamment pour soutenir sa doctrine, n'est pas resté le dernier à s'apercevoir que toute la médecine ne résidait pas dans les irritations, les inflammations, les sub-inflammations; que toute médication ne devait pas être qu'antiphlogistique. Broussais, malgré son incrédulité religieuse et son erreur dogmatique, ne peut être cependant confondu avec ce fâcheux Paracelse, à l'esprit ardent, au cœur de feu, qui osait dire : « Livrez aux flammes tous ces livres remplis de paroles fausses et trompeuses : brûlez.... brûlez jusqu'au der-

nier ! car seul j'en sais plus que tous ceux qui ont écrit ces
volumineuses pages et que tous ceux qui, ici présents, les
ont lues et y croient ! » Paracelse a été regardé comme un fou.
Je n'ai pas de lui cette opinion, et sans tenir beaucoup à ce
qu'on la partage, je dirai : je crois que Paracelse avait em-
brassé bien au-delà de ce qu'il pouvait étreindre ; qu'il était
trop jeune, trop crédule en son étoile, trop présomptueux et
dès-lors trop peu réfléchi , trop peu mûr (même pour son
temps) , enfin trop faible pour pouvoir réussir. Aussi , son
passage sur le monde médical n'a pas laissé plus d'impression que cette étoile qui file n'en laisse au firmament.

Nulle œuvre n'avait précédé la brusque irruption de Paracelse et d'un seul coup de son tonnerre il voulait ébranler,
détruire et voir crouler à ses pieds tout l'édifice médical.
Était-il plus qu'un homme? Oh non ! loin de l'être, même
en ce moment, je crois qu'il lui manquait les deux qualités
les plus précieuses , l'intelligence, un jugement sain , dons
ineffables de la divinité ! Quand Paracelse parut, la médecine était encore dans le cahos de l'incertitude ; la nécro-
mancie, l'alchimie, régnaient ; dès-lors la confusion et l'in-
trigue. Une tête grave et calme aurait pu produire un grand
bien ; Paracelse ne produisit que plus de maux que ceux
qu'il avait la prétention de détruire. Non, Messieurs, Paracelse n'était pas un fou, mais un charlatan audacieux et im-
prévoyant. Avant lui, son étoile était disparue.

Ne confondons pas, Messieurs, Broussais avec Paracelse
dont le nom vient de frapper votre oreille pour la dernière

fois. Broussais parut à une époque peu éloignée et à laquelle nous devions arriver avec le temps. L'erreur avait fait place à la vérité; les connaissances basées sur l'étude approfondie de la science, avaient laissé bien en arrière tout le fatras médical ammoncelé depuis tant de siècles. La théorie et la pratique des *Purgons* avaient été frappées à mort par la critique si précieuse de Molière. Ce grand poète, cet habile acteur, ce satirique personnage a produit un grand bien à la science, à l'art, en ridiculisant tout ce qui existait alors. Hommages en soient rendus à sa mémoire.

Les théories du *strictum* et du *laxum* avaient eues également leur temps, leur empire. Brown aussi ne voyant qu'atonie partout et toniques toujours. Mais à quoi sert de vous entretenir de choses éphémères ? La science marchait; les Haller, les Spallanzani, levaient le linceuil qui couvrait la physiologie, Fabricius d'Aquapendente, Harvée, avaient découvert la marche de la circulation du sang ; le cerveau, tous les viscères étaient connus, leurs fonctions étudiées, leurs rapports mutuels appréciés. Sydenham, Boerhaave, avaient tracé ces pages si profondes; Cullen avait voulu Linnéeniser, (s'il m'est permis de me servir de cette expression) tout le système morbide; Barthez, Bordeu, terminaient leurs œuvres mémorables; Pinel marquait déjà sa place, quand Bichat parut.... Permettez, Messieurs, que la larme d'un élève vienne encore tomber sur ses cendres ! Oui, Bichat, oui, mon maître, ton nom passera d'âge en âge à la postérité la plus reculée, et une vénération profonde sera constamment la récompense de tes bienfaits envers l'humanité.... Fasse Dieu que ton âme en jouisse!

Quel siècle, Messieurs, pour la science que la fin malheureuse du siècle dernier et le commencement déjà si fécond et si extraordinaire de celui que nous parcourons! Les travaux de Bichat, ceux de Pinel, le savoir si profond de tous les professeurs des diverses écoles de médecine rendaient l'étude de cette science longue, pénible, très dispendieuse, mais sûre, mais certaine, quand Broussais se montra! Mais il n'était pas assez fort pour lutter seul contre tous les hommes éminents placés à la tête du monde médical; son mérite, quoique très grand, immense, n'était pas assez robuste pour ne pas périr, s'il eût tatonné pour le faire percer; il lui fallut donc faire un grand effort, une révolution; il fit l'un, il entreprit l'autre. Une révolution! Mais n'est-ce pas saper les fondements de tout ce qui existe, au risque de s'engloutir sous les ruines? Eh! qu'importe à l'homme de génie! Il veut.... il faut que ce soit; il marche, il court, il arrive!

A la place d'une étude longue et laborieuse, il présente une méthode simple et facile; à la place d'une médication compliquée, il en présente une d'une extrême simplicité; prenant pour base de sa doctrine l'irritation, l'inflammation, la sub-inflammation, il les combat très facilement par la saignée générale, la saignée locale, spécialement par les sangsues, par l'eau, la gomme et la diète, qui sont ses moyens habituels; il détruit, il annihile, enfin il ne veut plus entendre parler de

2

toutes les entités morbides ; il n'existe plus de levain, plus de virus ; et l'estomac, l'intestin, le cerveau, les viscères sont les seules sièges de maladie. Avec une pareille théorie et des faits concluants à l'appui, que ne fait-on pas? Que ne fait-on pas, surtout quand on parle à la jeunesse, dont le fougueux enthousiasme s'exalte si facilement quand il s'agit de choses nouvelles? Je me souviens de cette époque, où l'élève de l'année se croyait plus savant, plus expert que le vieux médecin, que le praticien distingué.

Une guerre médicale se déclara, elle fut très violente entre les médecins de la nouvelle école, dits physiologistes, et ceux de l'école ancienne qu'ils appelaient ontologistes; mais la raison, le jugement et la mode, car la mode a aussi son empire en médecine, mirent fin à ces querelles désolantes pour l'humanité et indignes d'hommes généralement instruits; et l'on finit par s'entendre. Les deux parties belligérantes se faisant des concessions mutuelles y gagnèrent beaucoup dans l'intérêt de la science, dans l'estime public et dans la considération générale.

EXPOSÉ.

Deux Mémoires que j'adressai en 1825 et 1828 à l'académie royale de médecine, prouvèrent qu'admirateur de Broussais je ne m'étais pas laissé séduire. Il s'agissait de *gastro-entérites chroniques*, et, j'ose le dire, ma médication fut couronnée de plus de succès que toutes celles employées alors.

Ces succès étaient le résultat d'une nouvelle médication et

celle-ci l'effet du jugement que je portais sur ces affections.
Ce jugement n'était pas adopté, mais il était l'expression
franche de ma conscience médicale, malheureusement en
ce temps-là, éclairée par mes souffrances personnelles; ce
jugement reposait sur ces deux idées : 1° toute inflammation, toute irritation chroniques ne sont que le résultat
d'inflammations ou d'irritations plus ou moins aiguës, dégé-
nérées soit par une cause qui tient à une médication em-
ployée avec une tergiversation souvent fâcheuse, ou à une
médication intempestive ou contraire, soit aussi à une espèce
d'habitude qu'éprouvent certains organes à contracter ces
mêmes états d'inflammation ou d'irritation par une cause
quelconque qui n'agirait pas sur d'autres individus; 2° toute
inflammation, toute irritation chroniques, dites gastrites,
gastro-entérites, dites gastralgies, gastro-entéralgies, ont
leur siége dans les membranes muqueuses de l'estomac ou
de l'intestin, souvent dans les deux ensemble. La plupart
des symptômes de ces affections étaient regardés ancienne-
ment comme autant de maladies particulières, tandis qu'en
effet ce ne sont que des symptômes qui dénotent la localité
ou la portion du tissu muqueux malade. Je sens que je m'é-
loigne du sujet que je désire traiter en ce moment, et j'y rentre
par cette brusque transition qu'on me pardonnera : Broussais
m'étonnait, il m'éblouissait, je m'en éloignai dans la crainte
de le croire.

Si la science a gagné beaucoup sous l'empire de la médecine physiologique, et il serait inconvenant de dire autre-

ment, l'humanité y a-t-elle aussi trouvé quelques avantages ? Les nécrologes ont-ils été moins gros ? les maladies chroniques ont-elles fait moins de victimes ? Il faudrait écrire bien des volumes pour discuter ces questions, tandis qu'il ne faut que quelques lignes pour dire : Oui, la science a gagné ; car de nos jours il n'est pas un médecin, pour peu qu'il aime sa profession, qui ne sache placer le doigt sur le siége du mal, et, en cas d'insuccès, annoncer à l'avance qu'à l'autopsie cadavérique on trouvera tels et tels signes caractéristiques des symptômes que le malade offrait au médecin.

Là, pour moi, se borne le bienfait, le voir au-delà ne serait-ce pas erreur ? Eh quoi ! une légère phlogose, quelques ulcérations sur la muqueuse gastro-intestinale, quelques glandes mésentériques engorgées, quelque engorgement dans le système sanguin des méninges, (engorgement qui peut bien n'arriver que comme symptôme précurseur de l'agonie), suffisent pour conduire un malade au tombeau ? Voilà la seule cause que vous reconnaissez ? Ou je me trompe grandement, ou vous refusez d'ouvrir les yeux à l'évidence ; car, vous le savez bien, la vie ne cède pas à si peu d'efforts ! Il lui faut la désorganisation complète d'un organe, d'un viscère, et encore combien de temps dure la lutte ? Avouons donc ensemble que s'il n'existait pas une cause inconnue jusqu'alors, une cause primordiale, une cause léthifère quelconque, qui frappe, *ex abrupto*, dans bien des cas, que la vie ne céderait pas à ces quelques légères lésions, que l'on sait exister comme phénomènes de la maladie.

Il est bien entendu que je ne parle ici que des fièvres dites essentielles et que les médecins physiologistes ne voulaient pas reconnaître.

Qui peut douter maintenant qu'il n'y ait dans ces cas graves quelque autre chose que ces lésions légères ou profondes qu'on trouve sur le cadavre ? Surtout quand on sait que la vie se soutient long-temps dans une affection cancéreuse de l'estomac, de l'intestin ; pendant la désorganisation presque complète de différents lobes du poumon ; dans les abcès du foie ; dans les ramollissements du cerveau ; dans sa suppuration par cause traumatique; dans les hypertrophies et anévrismes du cœur et de l'aorte; dans les diarrhées, les dyssenteries chroniques ; dans les cruelles maladies des organes génitaux, spécialement chez la femme ! Que de douleurs aiguës, lancinantes, déchirantes, brûlantes, dévorantes, ne souffre-t-on pas avant de succomber ?

J'avais étudié avec toute la sagacité possible la médecine ancienne, et jeune encore je me mis à étudier avec scrupuleuse attention la médecine physiologique naissante ; plus j'avançais dans cette voie, moins je me reconnaissais ; mon cerveau ne pouvait coordonner ni caser tout ce que je lisais, tout ce que je voyais sous un nouveau jour. L'irritation, l'inflammation, la sub-inflammation, ne pouvaient me rendre compte de tous les symptômes que j'étudiais. La muqueuse étant presque toujours le siège de la maladie, fixa sérieusement mon attention, et c'est à l'étude spéciale et à la distinction de sa contexture particulière que je dois l'établissement d'un principe, qui est maintenant entièrement résolu pour moi.

Ce principe trouvé, j'ai voulu remonter à sa source et je n'ai rien rencontré dans l'antiquité qui ait pu guider mes pas. L'air, la terre, le feu et l'eau étaient presque jusqu'à nos jours les seuls éléments du globe; on y a joint les métaux, les bases salifiables, auxquels on a donné le nom de corps simples; puis l'oxigène, l'hydrogène, le carbone, l'azote, forment, en ce jour, la base de tout ce qui existe, en y joignant la liste des corps indécomposables. Mais pourquoi à leurs quatre éléments, que je pourrais appeler inertes et décomposables, les anciens n'en ont-ils pas joint un cinquième? Oui, Messieurs, un cinquième, répandu avec tant de profusion, tant de prévoyance et de bonté par le créateur. N'existe-t-il que dans mon imagination? Il ne me semble cependant pas être une utopie, une vision, car je le vois partout, il se présente à nous sous des milliers de formes; l'eau, l'air, la terre, en sont pleins, en fourmillent. On parle de la création d'animaux, et les savants oublient de parler de la matière animale primitive, de cet élément si diversement modifié par la volonté divine! Cette matière animale primitive, qu'on pourrait nommer cornée ou muqueuse, a donné la connaissance de l'azote; c'est-à-dire que les chimistes disent que l'on rencontre l'azote dans toutes les matières animales. Concluons que ni les anciens, ni les modernes n'ont pas encore assigné une place à cette matière, base de toute animalité. Cette base va servir à développer le système que je présente et que je suis avec succès dans les diverses médications que je mets en pratique depuis long-temps.

L'homme, ce chef-d'œuvre de la création sur notre globe, l'homme, ce cosmopolite vagabond, si fier, si haut, si vain dans la prospérité ; si souple, si rempant, si honteux dans le malheur ; si fort, si léger, si adroit dans la jeunesse et en santé ; si faible, si pesant, si incapable dans l'âge avancé ou malade ; eh bien ! l'homme que serait-il, si Dieu ne lui eût pas donné une âme pour l'aimer ; une intelligence, un cerveau, pour le comprendre ; une voix articulée pour le louer ? Que serait-il ? Le plus malheureux des animaux ! Oui, le plus malheureux ; car il est sans défense aucune. Son intelligence seule le rend maître de tout ce qui l'environne ; il prédomine sur tout ; la nature entière a peu de secrets pour lui !.... N'est-il pas encore plus heureux de ne pas les connaître tous ? Hélas ! sans ces dons précieux qu'il a reçus de la Divinité, la nature entière lui serait ingrate, hostile ; il ne serait plus que matière animale primitive, soumise à toutes les lois de l'animalisation, et bien plus à plaindre, à cause de sa longévité et des infirmités qu'elle entraîne, que ces myriades de moucherons habitants de l'air, qui, dans les beaux jours, voltigent autour de nous, qui naissent, croissent, se reproduisent et meurent en quelques instants et qui pourtant comme lui, lui homme, sont aussi de la matière cornée, de la matière animale primitive.

Qu'on ne vienne pas me dire et vouloir même me prouver que cette matière est l'azote, car je ne pourrai jamais le croire, et je répéterai à qui voudra l'entendre : l'azote est, à mon avis, à la matière cornée, ce que l'iode est au varec, ce que le carbone est au diamant.

La matière animale primitive se modifie selon les différents organes et les diverses fonctions qu'ils ont à remplir dans l'économie; ainsi, elle est plus ou moins molle dans les divers tissus muqueux ou membraneux, plus ou moins dense dans les divers tissus parenchimateux, plus ou moins compacte et serrée dans les divers tissus cartilagineux et aponévrotiques, plus ou moins dure dans les divers tissus osseux; enfin, elle revêt plus ou moins la forme et prend plus ou moins la densité cornée dans les divers tissus épidermoïdes.

Je vais maintenant poser les bases suivantes comme le résultat spécieux de ma manière de considérer l'homme; je souhaite que ces questions puissent être envisagées et accueillies avec bienveillance de la part de mes auditeurs.

1° L'homme n'est-il pas le chef-d'œuvre de la création? sa structure, son intelligence, ne le placent-ils pas à la tête de tous les êtres organisés vivants?

2° L'homme n'est-il pas le même par tout le globe? Les différences qu'il présente dans les diverses régions qu'il habite, font-elles quelque chose à son état de vie, de santé ou de maladie?

3° La taille, le port, la configuration de la tête de l'homme, la couleur de sa peau, ne sont-ils pas locaux, indigènes, de même que la plupart des maladies auxquelles il est sujet?

4º Un Européen n'est-il pas plutôt victime de la peste en Orient, de la fièvre jaune en Amérique, que ne le sont les enfants de ces contrées ?

5º L'homme n'est-il pas des êtres vivants le plus sujet aux maladies ? Non la civilisation, mais les abus qu'elle fait naître ne sont-ils pas la cause d'un grand nombre de maladies ignorées chez les peuples nomades ou peu civilisés ?

6º Le travail n'est-il pas nécessaire à l'homme ? n'éloigne-t-il pas de lui un grand nombre de maladies ? n'est-il pas souvent une cause de longévité ? et si la longévité flatte l'homme, n'est-ce pas le résultat de sa croyance en l'immortalité ? immortalité qui n'est réservée qu'à son âme ! âme, essence divine qui a été et restera constamment impénétrable pour le bonheur de l'homme.

Il n'y a, je crois, qu'une seule manière d'envisager toutes ces questions et une seule manière d'y répondre, c'est l'affirmative. Puisse-t-il en être de même pour tout ce qui va suivre ? Daignez, Messieurs, me prêter encore quelques instants votre attention, et veuillez rester bien persuadés que ce n'est pas dans l'intention de jeter une pomme de discorde que j'émets ces opinions, et que, bien loin de là, je recevrai constamment avec tous les égards que l'on se doit dans le monde médical et savant toutes les observations consciencieuses qu'on voudra bien me faire dans l'intérêt de la science et de l'humanité.

L'existence animale de l'homme ne tient-elle pas à l'enchaînement naturel, à l'harmonie de phénomènes réguliers qu'on pourrait appeler systèmes ou vies? Son existence morale ou spirituelle tient à l'âme dont les facultés sont incommensurables.

Le défaut d'harmonie dans l'un ou plusieurs des phénomènes ou systèmes vitaux constitue l'état morbide, la maladie; tandis que la santé est le résultat de l'accord parfait qui doit régner entre eux, ainsi que de leurs rapports intimes et constants.

Les vies ou systèmes vitaux nécessaires à l'existence de l'homme et à la propagation de son espèce sont au nombre de six.

Ces systèmes vitaux ou vies sont :

1° Vie sanguine ou de vivification.

2° Vie nerveuse ou de sensation.

3° Vie aérienne ou de calédification.

4° Vie alimentaire ou de nutrition.

5° Vie extérieure ou de relation.

6° Vie génitale ou de reproduction.

Si, au lieu d'une simple et déjà trop longue lecture, j'eusse voulu écrire sur cette matière sujette à de grandes contestations, j'eusse retardé trop long-temps et peut-être éloigné à jamais le moment fortuné dont je jouis ; car, il m'eût fallu développer et appuyer sur des faits nombreux et concluants (ce que je ferai dans un autre temps) ce nouveau mode d'étudier l'homme en santé et en maladie. Et pour ne pas abuser de votre patience si bienveillante je dirai :

1° La vie sanguine naît presque aussitôt après la fécondation de l'ovule, parce que la chaleur nécessaire à l'incubation ne fait pas défaut. La conception est décidée dans la copulation, du même instant où l'ovule est impregné de la liqueur prolifique. La gestation et le développement du fœtus jusqu'au moment de la naissance appartient entièrement à la vie génitale ou de reproduction de la mère.

Le cœur est le centre de la circulation sanguine, mais il n'est que le centre forcé d'irrigation du sang, car la vie sanguine existait avant lui. Si, au moment de la naissance, instant où le mode de la circulation va changer et ne dépendra plus de la mère, si, dis-je, le sang de la périphérie du corps et des organes circonvoisins du cœur ne lui arrivait pas immédiatement, il ne pourrait pas se débarrasser de celui qu'il contient, ni le chasser constamment en remplacement de celui qui lui succède dans sa marche, qui d'instants en instants cherche à se régulariser. Je le dis : pour moi, la vie sanguine ne dépend pas du cœur, celui-ci y est soumis, n'en est qu'agent, puisque cette vie de vivification existait avant sa formation, avant son développement et enfin bien long-temps avant que ses mouvements de diastole et de systole se soient régularisés pour établir le cours ordinaire de la circulation.

2° La vie nerveuse ou de sensation ne peut être appréciée, ainsi que toutes les autres, qu'après la naissance, quoique déjà toutes les parties de ce système préexistent avant ce moment. Cette vie, dont le cerveau est le centre de perception et d'irradiation, est sans doute pourvu d'un appareil circulatoire et d'un fluide particulier que nous ignorons encore, car la transmission de toutes les sensations au cerveau est si instantanée qu'on ne peut la concevoir d'une autre manière. Dans sa course cette perception est aussi prompte que l'électricité. Serait-ce le même fluide sous des conditions et des dispositions différentes?

La mémoire, la pensée, la réflexion et le jugement sont les attributs du cerveau; par rapport à la mémoire, le cerveau ne ressemble-t-il pas à cette chambre noire du Daguerrotipe où viennent se graver et se localiser toutes les sensations qui lui sont transmises? Ah! si j'osais dire toute ma pensée sans qu'on la taxât d'être par trop burlesque ou inconvenante, je dirais : le cerveau ne ressemble-t-il pas à une armoire à mille tiroirs divers, dans lesquels viennent se ranger une à une, et comme on pourrait dire, par ordre et par famille, toutes les perceptions, toutes les sensations, toutes les idées, tous les faits qui lui paraissent être important de conserver, pour pouvoir au besoin et selon sa volonté ouvrir ou fermer tel ou tel tiroir? Ainsi la mémoire me paraît inhérente à tous les êtres doués d'une masse cérébrale, elle se développe par l'éducation; la pensée, la réflexion et le jugement se modifient par la mémoire.

On reconnaît généralement deux systèmes nerveux : le cérébral, le trisplanchnique; n'en feraient-ils véritablement qu'un ? Il y a tant de connexions entre eux. Je doute encore, quoique je suis fort enclin à le croire; car, les sentiments de crainte, de peur, de frayeur, de peine, de mélancolie, de douleur morale, de plaisir, de gaieté, de joie et tous enfin semblent avoir leur point de départ du centre épigastrique. La crainte, par exemple, de voir tomber un enfant, ne vous poigne-t-elle pas au centre épigastrique ? Ne suspend-elle pas votre respiration ? Ne paralyse-t-elle pas, pour un instant, toutes vos forces motrices ? Vous voulez vous précipiter au devant du danger que court cet enfant et vous restez immobile. Ne pourrais-je pas citer bien d'autres exemples en faveur de cette opinion, mais ne l'ayant pas suffisamment étudiée, mûrie, je la livre encore innocente à votre studieuse investigation.

La vie nerveuse a pour moi un autre point de départ que le cerveau, et nous allons en parler ; car les autres systèmes vitaux dont il me resterait à vous entretenir étant tous, ainsi que celui-ci, sous la même dépendance, les mêmes reflexions peuvent leur être appliquées.

Tous les phénomènes de la vie générale se passent, sans exception aucune, au moyen des membranes muqueuses... Cette idée vous paraîtra un paradoxe.... Je vais chercher les moyens de vous persuader que mon idée n'est pas si erronée qu'elle le paraît d'abord.

Toutes les membranes muqueuses ne sont, pour moi, qu'un tissu inextricable de matière animale primitive, plus ou moins mou, lâche ou serré. Les mailles de ce réseau, en outre des commencements ou terminaisons des divers vaisseaux exhalants et absorbants, des glandes, etc., etc.; sont pénétrées et remplies de pulpe sanguine et de pulpe nerveuse, pulpes qui sont le principe et le siège des vies sanguine et nerveuse.

Ces pulpes sont constamment en contact et en oscillation permanente; oscillation qui ne doit être que le premier résultat de la naissance, car (c'est un fait incontestable) l'on sait que, depuis l'instant de la conception jusqu'au moment de la naissance, l'existence du fœtus dépend entièrement de la mère, que, dans son sein, sa circulation est celle de la mère, que tout le développement qu'il prend n'est que l'effet de la nutrition que la mère lui envoie.

Dans l'utérus, l'enfant même, au moment de naître, n'a pas encore éprouvé de sensations, puisqu'il n'a pas encore été soumis à la pression de l'atmosphère, qu'il n'a pas été en contact avec l'électricité ambiante; que sa puissance électrique animale n'a pas eu de rapport avec l'électricité générale; qu'il n'a pas pu attirer à lui et repousser, quoique cependant toutes ses membranes muqueuses aient acquis tout le développement nécessaire à l'exercice des fonctions qu'elles vont avoir à remplir. La prévoyante nature, ou plutôt son auteur n'accorde encore que peu à peu la jouissance des sens à ce nouveau-né, à dater du moment où son existence est individuelle. Cette prévoyance est pleine de bonté; car, que deviendrait, en effet, ce nouvel et frêle individu si, du même coup, au même instant, toutes les membranes muqueuses remplissaient les fonctions qu'elles sont appelées à jouer avec le temps? Il périrait indubitablement, par l'effet d'une commotion trop violente et trop instantanée du cerveau.

Il est tellement vrai qu'une pulpe sanguine nerveuse existe et est répandue dans tous les réseaux des membranes muqueuses, qu'il est de toute impossibilité d'en toucher une d'elles, la peau, par exemple, avec le corps le plus acéré, sans que l'effet ne s'en communique immédiatement au cerveau, et, pour peu que cette pointe pénètre avant, qu'il n'en résulte, en la retirant, l'écoulement d'une goutte de sang plus ou moins foncé en couleur.

Les membranes muqueuses ont chacune des contextures diverses, selon les différentes fonctions qu'elles ont à remplir dans l'économie et suivant les corps avec lesquels elles doivent se trouver en rapport ; ainsi, la peau qui doit se trouver en contact permanent avec l'air et toutes les variations atmosphériques est-elle recouverte d'un épiderme, sorte d'exudation cornée, pour préserver la muqueuse cutanée ; ainsi la muqueuse pulmonaire qui tapisse toutes les ramifications brouchiques, et où se passent les phénomènes précieux de l'hématose, a-t-elle un très grand développement et seulement une très petite ouverture à soupape même (l'épiglotte) pour y laisser pénétrer l'air nécessaire à la respiration ; et empêcher le trop prompt dégagement du calorique qui se développe dans le poumon par l'oscillation constante des pulpes sanguine et nerveuse ; d'où résulte l'électricité, telle qu'elle doit avoir lieu entre deux matières animales de différentes espèces ; ainsi la choroïde et la rétine ont-elles une couleur noirâtre et différente de toutes les autres muqueuses pour pouvoir absorber les rayons lumineux.

Les membranes muqueuses n'éprouvent aucune gêne, ne souffrent pas en remplissant le rôle qui est assigné à chacune d'elles dans l'économie, et le cerveau ne s'aperçoit pas du travail qui s'opère naturellement dans chacun des systèmes vitaux ; et ce phénomène avait donné l'idée de séparer le système nerveux en deux branches. Ainsi je pense que la muqueuse gastro-intestinale doit être nécessairement très variée dans sa contexture pour pouvoir remplir tous les phénomènes de la vie digestive ; et s'il n'en était pas ainsi, il y aurait des dérangements continuels dans l'état de santé. Appliquez du fluide bilieux sur la conjonctive, qu'un corps autre que l'air vienne à s'introduire dans les voies aériennes, dès-lors l'encéphale en perçoit la sensation et la santé en est plus ou moins altérée immédiatement.

Les membranes muqueuses jouent donc le plus grand rôle dans tous les phénomènes vitaux, et c'est par elles, je le crois sincèrement, que l'existence individuelle s'harmonise aussitôt après la naissance.

Le fœtus reçoit de sa mère le sang par le système veineux et le lui renvoie par l'artère ombilicale. C'est donc parce que l'on a fourni du sang au cœur, que le cœur le chasse, car le cœur jouissant d'une élasticité quelconque, il faut nécessairement que sa fibre réagisse sur la quantité du fluide qui pénètre ses cavités ou qu'elle se rompe. D'ailleurs la membrane mince qui revêt tout l'intérieur du cœur, qui se continue avec les veines et les artères, n'est-elle pas aussi une membrane muqueuse ?

Au moment même de la naissance un nouveau mode circulatoire commence ; la veine ombilicale ne va plus fournir de sang, et là vie cesserait immédiatemént si l'air n'entrait pas dans le poumon pour y exciter la membrane muqueuse, et cet air finirait par suffoquer le nouveau-né si la réaction musculaire ne se faisait pas promptement, mais généralement cela arrive ainsi, et dès-lors l'hématose commence, et dès-lors le commencement d'une circulation individuelle, qui, avec le temps, va se régulariser et prendre un rhythme presque habituel aux divers âges de l'existence humaine, et ce qui constitue le pouls, si variable dans toutes les maladies, et qui indique souvent au médecin l'état morbide plus ou moins grave.

. Le cœur n'est donc encore dans cette circonstance morbide (à moins qu'il ne soit malade lui-même) que l'impassible agent qui transmet le trouble qui existe dans telle ou telle localité, dans tel ou tel organe, dans tel ou tel système vital, ou enfin dans telle ou telle portion ou partie constituante d'une membrane muqueuse quelconque. Ainsi, il est plus facile d'apprécier l'état d'irritation, d'inflammation, de sub-inflammation, son intensité plus ou moins grande, par la connaissance exacte du pouls réunie aux autres symptômes. Ainsi, il est plus facile de distinguer si l'entité morbide n'affecte pas plutôt la pulpe sanguine, comme dans toutes les maladies inflammatoires, que la pulpe nerveuse, départ ou siège de toutes les affections dites spasmodiques ou nerveuses; enfin, si cette entité n'agit pas plus

3

particulièrement sur le réseau muqueux lui-même ou sur toutes les autres parties qui viennent se confondre, prendre naissance ou se terminer en lui.

Cette manière vaste et plus étendue de considérer l'état morbide ouvre un champ plus libre, plus facile et plus sûr à la médication. L'état saburral, l'état muqueux, ne se combattront pas par des sangsues; à l'état inflammatoire on n'opposera jamais les émétiques ou les purgatifs, enfin l'état nerveux recevra une médication plus en rapport avec ses souffrances. Il en sera ainsi pour toutes les maladies, si l'on veut se rappeler que le moyen le plus rationnel dans une médication est de détruire l'état morbide en changeant le mode de perception actuel de l'organe ou du système vital malade, en modifiant l'état de sa sensibilité et en le ramenant le plus promptement possible à son état normal par les moyens thérapeutiques qui sont à la disposition du médecin. Avec les moyens antiphlogistiques (et même sans eux) la révulsion prompte, active, franche et choisie selon le cas, ne serait-elle pas le seul ancre de salut? Cette idée guide mes pas dans l'exercice de l'art, et si elle était plus généralement répandue, adoptée, je dirais : l'empirisme enfin va faire place à l'éclectisme basé sur la médecine physiologique.

Pour une lecture, j'ai dû nécessairement négliger dans cette Notice, déjà trop longue, de parler séparément de chacune des vies qui constituent pour moi l'existence animale proprement dite. Celle de relation, qui se rattache tant à celle nerveuse, doit encore m'arrêter un moment, car c'est celle qui a les plus fréquents rapports avec la masse encéphalique.

C'est par les membranes muqueuses que les sens perçoivent les diverses sensations, pour les transmettre au cerveau par le nerf, faisceau réuni de ramifications infinies, qui puisent leurs sensations dans la pulpe nerveuse et les rendent aussi promptement que par le fluide électrique au cerveau qui, peut-être, ne perçoit immédiatement lui-même ces sensations que parce qu'il est enveloppé par l'arachnoïde qui me paraît être une membrane muqueuse.

Si ces diverses propositions, Messieurs, et toutes celles qui peuvent en découler, vous étaient faites par un homme transcendant dans la science, elles auraient sans doute beaucoup plus de valeur et mériteraient peut-être l'honneur d'appeler sur elles et de fixer toute votre attention, mais que vont-elles devenir?... Homme simple et de bonne foi, je vous ai dit toutes les inspirations que je crois dictées par la vérité et appuyées sur ma pratique déjà vieille. Puissiez-vous, avec la même bonne foi, les recevoir, les comprendre et les méditer, car elles peuvent mettre sur la voie de nouvelles et d'immenses découvertes.

Avant de vous quitter, vous me permettrez, sans doute, de vous dire, Messieurs : Vous ne pouvez comprendre qu'en entendant; vous ne pouvez entendre que par la muqueuse auditive; vous ne pouvez méditer, ni asseoir votre jugement autrement que par cette même membrane, et votre réflexion n'est rien autre chose que l'expression d'une phonation particulière qui n'arrive à votre cerveau que par l'oreille interne et la trompe d'Eustache qui s'ouvre dans l'arrière bouche. Voulez-vous, Messieurs, préparer une réponse ou suivre l'idée que vous écrivez? Que faites-vous? Tous les mouvements tacites d'une haute prononciation, si vous parliez, se passent dans les cordes vocales, sans articulation intelligible pour tout autre, mais seulement par vous-mêmes. Que quelques-uns de vous, Messieurs, veuillent bien fixer pour un instant son attention particulière et se préparer à développer l'idée qui peut être conçue par un seul mot; Éternité, par exemple: immédiatement le regard se fixe; on sent les fluides arriver au cerveau; ses lobes antérieurs se turgissent; les idées préconçues, le fruit des recherches, s'y amassent, et pourtant ce cerveau ne saura rien encore de votre pensée, de vos réflexions, si vous ne lui parlez pas, soit par votre phonation intime et tacite, soit à haute et intelligible voix.

Chez les sourds-muets cette phonation est remplacée par la mimique. La mimique n'est comprise par eux que par la vue; ainsi donc, que ce soit par le nerf optique ou par le nerf auditif que la transmission se fasse au cerveau, le résultat n'en est-il pas le même? N'avons-nous pas dit déjà que la choroïde et la rétine étaient des membranes muqueuses, qui servaient à transmettre des idées? Ainsi les sourds-muets peuvent comprendre ce mot *Éternité* et y répondre.

Mais pourquoi, Messieurs, ce mot s'est-il présenté plutôt que tout autre à mon cerveau? Pourquoi et comment ai-je osé vous le proposer? Comment pourrais-je vous le peindre moi-même? Dirais-je, comme certains philosophes: « L'espace et le temps, voilà l'éternité! » Oh non ! Messieurs, ma pensée ne serait pas rendue, mon âme ne serait pas satisfaite, et m'insurgeant contre moi-même, contre mon insuffisance, je promène mes regards sur le monde entier, en homme orgueilleux et superbe ; j'élève mes yeux au ciel, je contemple, j'admire, j'interroge et je ne sais rien !... Mais bientôt homme religieux, chrétien, j'ai tout vu, tout compris, je m'abaisse, je m'incline, je me prosterne, je vénère et j'honore Dieu seul,.... Dieu éternel ! et là, je trouve l'éternité.

APPENDICE.

Les six vies dont j'ai eu l'honneur d'entretenir l'académie, ont un centre commun : c'est le cerveau. Sans cet organe il n'y a plus de transmission possible, parce que la circulation du fluide nerveux qui, je crois, se passe en lui est pervertie, interrompue ; parce qu'il ne peut plus exister d'irradiation, et que dès-lors l'oscillation et le mouvement cessent presque spontanément. Ainsi on voit une femme mettre au monde un acéphale ou anencéphale, qui, gros, gras et fort, a vécu jusqu'au terme de la gestation, parce qu'il n'avait pas encore une existence individuelle, et qui meurt immédiatement après sa naissance, par ce fait de manquer de cerveau. Chez lui toutes les membranes muqueuses, tous les autres organes sont prêts à se mettre en œuvre ; mais la vie générale ne peut s'établir, parce qu'il manque ce rouage si important à la grande machine animale.

L'asphyxie des nouveaux-nés, ou, pour mieux dire, leur *apnée*, n'est-elle pas le résultat du défaut d'établissement prompt de l'oscillation et du mouvement dans la muqueuse pulmonaire ? Toutes les autres asphyxies ou apnées n'ont-elles pas pour cause la suspension de ces mêmes phénomènes vitaux dans cette membrane ?

Il faut donc convenir que sans cette oscillation, sans ce mouvement dans les muqueuses, il n'y a pas de vitalité générale possible ! D'où naissent cette horripilation, ces frissons, ce rigor, qui saisissent l'homme sain au moment où il est atteint d'une maladie grave, d'une phlegmasie d'une membrane séreuse même, si vous ne les trouvez pas dans le trouble de l'oscillation et du mouvement dans la muqueuse ? D'où partent l'*aura epileptica*, l'*aura hysterica*, l'*aura febrilis*, si vous ne voulez pas reconnaître leur point de départ dans cette même vitalité ? D'où naissent toutes ces sympathies, si elles ne naissent pas des mêmes phénomènes ? Comment voulez-vous concevoir l'exhalation, l'absorbtion ? Pensera-t-on encore à l'abouchement des vaisseaux capillaires, veineux et artériels ?

Il faut avouer notre insuffisance ou prendre une nouvelle route pour arriver à la découverte de vérités nouvelles. Puissent les hommes éminents, placés au faîte du monde médical, s'emparer de ces idées neuves ! Ce sera de leur part, j'en ai la conviction, un immense bienfait qu'ils rendront à l'humanité !

J'ai déjà plusieurs fois, et depuis bien des années, rapporté des faits très concluants sur l'application de mon système particulier de considérer l'homme en état de santé et de maladie, et j'ai cru qu'il laissait moins de prise à la tergiversation médicale, souvent si dangereuse dans les affections graves, dans lesquelles surtout la médecine expectante n'est jamais ou presque jamais couronnée de succès. Broussais lui-même me l'avoue dans une lettre de 1828 (juin) et, en insérant dans ses *Annales* une observation curieuse de diphtérite, ce professeur avait donc reconnu qu'en changeant le mode de sensation d'une muqueuse quelconque, on change aussi son mode d'inflammation ou d'état morbide. Proposition qu'en 1826 j'avais démontrée à la société de médecine pratique dans un Mémoire sur la pustule maligne.

Pour bien concevoir cette idée, disons : Toutes les fonctions dans l'état normal se passent de manière à ce que l'économie animale n'en soit pas altérée, et que le *sensorium commune* n'en éprouve aucune sensation. Disons : que si, par une cause inconnue, primordiale, il survient une affection quelconque, que presque immédiatement le système vital sur lequel cette cause a agi est troublé, et que son trouble, réagissant sur l'économie en général, l'entraîne dans son état morbide ; disons encore que, pour empêcher cet entraînement, il suffit souvent de changer le mode de perception ou de sensibilité qui vient de s'opérer, de se développer dans la muqueuse affectée ; et que si l'on y parvient, on arrête tous les accidents qui devraient naître par succession de divers états morbides, dans lesquels doivent passer tous les tissus malades avant de se rétablir dans leur état normal, ou avant d'arriver à une fin funeste.

En adoptant ce système, ne peut-on pas dire que l'ictère des nouveaux-nés dépend bien rarement, pour ne pas dire presque jamais, d'une affection du foie, mais qu'elle est le résultat du changement qui se fait dans la circulation, au moment de la naissance, ce qui est aussi souvent la suite ou le résultat d'un accouchement lent ou difficile? Ne peut-on pas dire que le *squirrho-sarque* de Baumes, ou l'endurcissement du tissu cellulaire des nouveaux-nés, n'est rien autre que le défaut d'oscillation des pulpes sanguine et nerveuse dans la muqueuse cutanée? Ne peut-on pas dire que les hiatus absorbants n'étant pas suffisamment excités, ne peuvent reporter dans le torrent de la circulation les sucs, les fluides qui s'épanchent constamment par les hiatus exhalants? Si cette maladie a quelque étendue, la mort est certaine, parce que la circulation veineuse ne porte plus au cœur une suffisante quantité de sang pour entretenir ses contractions; aussi le pouls de ces enfants est presque toujours intermittent et bruissant chez eux comme chez les cholériques; mais dans une raison inverse, la peau est froide la respiration lente, l'expiration froide et comme suspendue.

Je viens de dire : *mais dans une raison inverse chez les cholériques*. Cette vérité est trop grande pour être détruite; en effet, qui occasionne dans le choléra ce flux immodéré des déjections alvines et des vomissements? n'est-ce pas par perversion de l'oscillation dans les membranes muqueuse, cutanée, pulmonaire et gastro-intestinale que se développe le choléra? L'oscillation cessant pour ainsi dire dans la muqueuse cutanée, les hiatus absorbants entraînent vers le point irrité tous les fluides, sans que les hiatus exhalants puissent en porter de nouveau; dès-lors la circulation s'affaiblit promptement, parce que l'oscillation de la muqueuse pulmonaire cesse aussi presqu'entièrement, ce qui empêche l'hématose d'avoir lieu, ce qui suspend l'électricité et la calorification du sang, et enfin ce qui fait que l'expiration est très froide; tandis que l'oscillation de la muqueuse gastro-intestinale, ainsi que de la muqueuse des veines de la circulation hépatique est accrue, augmentée, et que dès-lors les hiatus exhalants répandent avec profusion les fluides qui lui sont fournis par tous les hiatus absorbants. Ces perturbations dans l'oscillation ne démontrent-elles pas assez pourquoi dans les saignées qu'on pratique dans certaines circonstances chez les cholériques, il y a du vide dans les veines, ce qu'en outre témoigne l'ouverture de leur cadavre. Et les crampes ne sont-elles pas le résultat du même trouble dans l'oscillation? La pulpe nerveuse manquant d'action, fait défaut dans sa circulation particulière, dans ses mouvements, d'où naissent la douleur et la contraction spasmodique des fibres musculaires.

Peut-on concevoir autrement l'état cholérique, quand surtout on entend ces victimes s'écrier : *à boire, je brûle!* et qu'on les sent glacés, et que leurs expirations sont froides, que leurs traits sont livides, que leur peau est flasque, molle et presqu'insensible?

J'ai encore une preuve pathologique irrécusable à donner en faveur de mon opinion ; la voici : Un ouvrier distillateur d'alcool de pommes de terre tomba inopinément dans le réservoir des fèces bouillantes, qu'il venait de laisser écouler de sa chaudière, on l'en retira presqu'aussitôt. La tête seule avait échappée à la submersion. En le déshabillant promptement on le désépiderma presqu'entièrement, car de tout l'épiderme il n'en subsistait que très peu vers le sacrum, l'intérieur des cuisses et les parties génitales. Appelé peu d'instants après, je pronostiquai une mort assez prompte, mais sans douleur ; effectivement, elle eut lieu comme je l'avais prévue, avant que la réaction se fît. Faisant envelopper le malheureux échaudé d'un drap trempé dans l'huile anodinée, je donnai l'avis de le reconduire à son domicile. Qui de tous les assistants eût pu croire, sans le voir, que cet infortuné eût pu quitter seul son lit, descendre un escalier et monter sans secours sur une charrette sur laquelle on avait mis de la paille, et tout cela sans éprouver la moindre douleur ? Le derme s'était en peu d'instants recouvert d'un enduit jaunâtre et serré, de manière à ce que les doigts qui le touchaient ne s'y collaient pas. Mais l'oscillation était entièrement cessée dans cette muqueuse si étendue, mais la peau devint froide, mais la circulation se rallentit, mais l'haleine se refroidit ; enfin, après trente heures et sans avoir éprouvé la moindre douleur, la vie cessa !

Si le trouble dans les fonctions est grave, immédiatement il réagit sur la circulation générale, et dès-lors l'état inflammatoire se développe promptement. C'est dans ce moment que les antiphlogestiques doivent trouver leurs places ; mais s'ils ne sont pas suivis de révulsifs appropriés au cas morbide, ils ne produisent qu'une diminution dans les symptômes, et non une résolution complète ; c'est souvent ce qui cause les affections chroniques.

Par sympathie, les membranes muqueuses réagissent les unes sur les autres, et il suffit souvent, pour faire cesser un état morbide, de produire une révulsion sur un point éloigné de la même muqueuse, pour obtenir un succès complet. Quelquefois même aussi il suffit de changer le mode de perception de la sensibilité d'un tissu quelconque, pour rappeler l'équilibre détruit par l'état morbide. Combien de conjonctivites chroniques n'ont-elles pas cédé à l'application d'un vésicatoire sur les paupières ? Combien de fois n'a-t-on pas arrêté les ravages du charbon (pustule maligne) en détruisant le siége du nécrogenium (1) par l'application d'un caustique actif ? Cette prompte cautérisation d'une portion du tissu affecté, y confine ce nécrogenium et empêche ainsi son absorption par les parties circonvoisines, où l'oscillation et le mouvement des pulpes sanguine et nerveuse et des autres fluides sont anéantis, ainsi que les hiatus de tous les vaisseaux absorbants et exhalants.

Une étude plus approfondie des divers modes d'être et

_____

(1) J'ai donné ce nom à l'élément morbide qui cause la mortification dans cette maladie, car, en effet, il engendre la mort, la gangrène locale.

d'agir de la muqueuse gastro-intestinale permettra (je l'es-
père) plus de certitude dans la médication. Le médecin
devra donc s'appliquer à l'étude spéciale des médicaments,
car la plupart ont des modes d'actions bien différents les uns
des autres. Il faudrait pouvoir déterminer leur action révulsive
avant de les employer, si l'on voulait agir méthodiquement.
Généralement en France on ne s'est pas encore suffisamment
appesanti sur l'action des différents médicaments et spécialement sur celle des purgatifs ; qu'on veuille donc étudier avec
soin cette branche de la matière médicale, et l'on saura qu'il importe beaucoup d'assigner à chaque médicament purgatif son
mode d'action sur telle ou telle portion de la muqueuse qui
tapisse tout le canal intestinal, et qu'il ne suffit pas dans bien
des cas de donner un purgatif tel soit-il ? je crois que la for-
mule de ce purgatif doit varier infiniment, car son effet n'est
pas seulement de produire des évacuations alvines plus
ou moins abondantes, mais de déterminer une révulsion
grande, large et presque instantanée. En ne considérant les
purgatifs que comme simples évacuants, ne revient-on pas
à la médecine des purgons ?

Il existe, je viens de le dire, des moyens précieux dans
certaines circonstances d'opérer la réaction sur le lieu même
de l'affection ; ainsi, l'application d'un vésicatoire sur certains érysipèles, sur certaines dartres, de la pierre infer-
nale sur les boutons d'un zona, d'un caustique profond dans
la pustule maligne, changent le mode de sensation de l'état
morbide et tendent à rappeler le rhythme de l'oscillation

nécessaire dans les tissus malades ou ambiants, et dès-lors à rétablir l'équilibre et la santé. Mais, n'est-ce pas ainsi qu'agissent encore les cautérisations par le fer rougi à blanc dans les morsures d'animaux enragés; par l'ammoniaque liquide dans celle de la vipère? En détruisant l'oscillation et le mouvement, n'isole-t-on pas le virus, le venin; et ne sont-ils pas emportés par l'effet de l'inflammation supurative, qui s'établit dans le lieu cautérisé?

La manière de considérer les membranes muqueuses que je présente, offre, je l'assure, un grand et avantageux résultat pour asseoir son jugement; car les symptômes sont bien différents selon que chaque portion du tissu est malade, et conséquemment la médication doit être modifiée selon l'indication. Ainsi, si le réseau cellulaire de la muqueuse est seul affecté, ou qu'il le soit primitivement, ou plus gravement que la pulpe nervoso-sanguine, il y aura aberration des sensations locales, engorgement, empâtement, induration, dégénéressence de tissus, collection purulente, suppuration, squirrhe, cancer, ramollissement, enfin tous les états morbides dont les tissus cellulaires ou de matière animale primitive peuvent être atteints.

Ainsi, si la portion sanguine de la pulpe est le siége de l'infection morbide ou de son développement, il y aura rougeur, tumeur, plus de douleur que dans le cas précédent, irritation, inflammation et tous les accidents qui peuvent résulter de ces états. Si une grande portion de cette pulpe est affectée et principalement dans les voies digestives, il en résulte une variation considérable dans le rhythme circula-toire ; alors le pouls devient dur, fréquent, fort ; la chaleur générale se développe, la fièvre en est la suite. Cette preuve suffira, je pense, pour démontrer jusqu'à l'évidence que les mouvements du cœur sont généralement soumis à l'action du sang qui lui arrive, et comme dans ce cas l'oscillation est troublée, et que le sang se précipite avec plus d'abondance et plus de vitesse dans les hiatus radiculaires des veines, leur membrane interne ou muqueuse en est affectée et trans-met, de proche en proche jusqu'aux oreillettes, la perturba-tion générale, et dès-lors les ventricules, au moyen de la cir-culation artérielle, lancent par leurs contractions plus ac-tives, plus rapprochées, dans toute l'économie le dérangement morbide existant dans tel système ou dans tel organe de ce système.

Ainsi, dirai-je encore, si c'est la portion nerveuse de la pulpe qui est affectée plus spécialement, tous les symptômes changent de face, la douleur est plus grande, plus aiguë, plus intense, que dans les deux autres cas, sans cependant changement de couleur au siége de la maladie, sans tension, sans gonflement, et dès-lors se développent toutes les névroses connues. Cette douleur occasionne les spasmes, les con-vulsions, le délire, et enfin trouble toutes les facultés intellec-tuelles et sensitives de l'organe encéphalique ; dans cette circonstance le pouls est petit, dur, serré, saccadé, inter-mittent, et pourtant dans cette circonstance le cœur n'agit encore que par l'impression qui lui est transmise. On dira que c'est par l'effet du trisplanchnique que cela a lieu ; je crois, moi, que c'est par sympathie et transmission de proche en proche que cette action se produit ; la preuve en est encore plus évidente dans tous les états fébriles traumatiques.

Voici donc des signes bien tranchés, bien caractéristiques pour chacune des portions constituant les membranes muqueuses. Mais cependant il ne faut pas trop se hâter de fixer son opinion, car, comme il est difficile de voir l'eau et le vin versés lentement dans un même verre rester longtemps séparés et sans se mêler, de même il est certain que lorsqu'une des parties constituant une muqueuse est affectée, elle ne peut rester quelque temps sans que les autres parties ne s'en ressentent, puisque l'équilibre est rompu entre elles et que l'oscillation et le mouvement naturellement électriques sont troublés, intervertis.

Comme les membranes muqueuses, les autres tissus ne sont que de cette même matière animale, qui jouit, dans d'autres proportions, de toutes les propriétés vitales ; ainsi donc, on ne sera plus surpris de voir, un tendon, un cartilage, un os même devenir le siége de l'inflammation ou de la douleur, sans pourtant pouvoir y découvrir des filets nerveux.

Je ne dirai pas avec Wailly, grand Browniste, la vie s'use par faiblesse, il faut la tonifier. Je ne dirai pas avec Broussais, la vie s'use par excès, il faut les modérer. Mais je dirai avec Hippocrate et avec l'expérience, seul professeur émérite de tous les temps, la vie s'use par défaut des forces vitales, comme par excès des mêmes forces, elle s'use encore par le manque d'harmonie dans les fonctions des divers sys-tèmes vitaux.

L'attraction et la répulsion, soit l'électricité animale in-dividuelle, produisent le mouvement; si ce mouvement est régulier, il forme l'oscillation; l'irrégularité dans cette os-cillation produit un trouble quelconque, tant soit-elle brève, courte; mais dans le cas où elle se prolonge, elle produit l'intermittence; l'intermittence est donc un phénomène vi-tal, mais qui devient morbide, tout en prenant sa source dans un point quelconque de l'économie animale. Pouvoir déterminer le point de départ d'une intermittence, ne serait-ce pas avoir plus de certitude de la guérir? En l'ignorant même, on y parvient en causant une grande perturbation. Voici un fait qui vient à l'appui : Un de mes collaborateurs, en 1805, contracte à Alexandrie (Piémont) un écoulement vénérien, il le soigne; étant en route un jour de pluie et voyageant à pied, il arrive à Plaisance, mouillé, traversé. Un frisson le prend, la fièvre se déclare, mais le lendemain il n'y paraît plus, l'écoulement continuait, il se croyait dé-barrassé de la fièvre; erreur. Une fièvre quarte se règle et dès-lors l'écoulement s'arrête. Malgré les amers, le kinkina, les toniques donnés à la suite du vomitif et des purgatifs, alors de rigueur, ce pauvre camarade, pendant plus de six mois, fut en proie soit à la fièvre quarte, soit à l'écoulement urétral. Il fallut pour le débarrasser de ces deux maladies un excès de fa-tigue à cheval dans un grand jour d'été et une ribotte complète.

C'était une grande perturbation à produire, et on la conseilla un jour où la fièvre devait le prendre avant midi. Déjà à onze heures, il avait fait huit lieues et on l'avait complètement grisé, pour lui faire refaire la même course et une autre ribotte dans la soirée. Rentré au logis dans un état horrible de fatigue et d'ivresse, on le coucha. A son réveil, plus de quinze heures après, il était pour toujours débarrassé de ces deux ennemis puissants. Une perturbation était sans doute nécessaire, indispensable; mais était-il prudent de suivre celle-ci et même de la conseiller? Nous étions jeunes : voilà l'excuse; en est-ce une?

Indubitablement j'aurais dû m'étendre davantage sur les diverses sympathies des différentes vies entre elles, mais je n'ai pu le faire dans une simple Notice. Cependant, je dirai avant de terminer : La vie génitale ou de reproduction est celle qui se développe la dernière et qui finit la première. Malheur à ceux qui trop tôt ou trop tard en abusent! car cet abus cause des maux irréparables dans les vies nerveuse et de nutrition. N'est-il pas malheureusement bien assez d'autres maladies qui affectent ces organes sans l'abus? Les femmes surtout n'ont-elles pas toutes les affections pénibles de la gestation, toutes les douleurs de l'enfantement et toutes les suites d'une parturition? Les femmes n'ont-elles pas encore avant et après ce temps les époques critiques de la menstruation? Les femmes en outre n'ont-elles pas, sur toute chose, un sentiment de pudeur fort honorable, fort respectable, sans doute, mais qui cependant en conduit beaucoup au tombeau, parce qu'elles n'osent pas s'avouer même à elles-mêmes, et encore bien moins confier à d'autres, surtout aux hommes, les douleurs qu'elles ressentent, le mal qui les ronge? Combien de fois n'ai-je pas vu des maux incurables, simples résultats d'affections légères, qui eussent été guéries promptement, si plus tôt on y eût porté remède? Mais la pudeur parlait. Ah! dans ces cas, cette pudeur barbare devenait assassine! Disons, pour en finir, ce qu'une longue expérience m'a prouvé, disons que les plus légères affections, que les plus petits dérangements des organes ou des fonctions de la vie génitale peuvent occasionner les maladies les plus graves, les plus douloureuses que l'humanité ait à souffrir et enfin les plus meurtrières!

M'étant, pendant plus de quinze années de ma vie, livré à la pratique presque spéciale des accouchements et des maladies des femmes, je pourrais peindre toutes ces maladies, toutes ces souffrances, mais en les nommant seulement, je ferais un tableau trop sombre, trop lugubre, et je m'en abstiens; cependant pour terminer ma Notice, j'oserai dire de la pudeur poussée au-delà de certaines bornes, comme de bien d'autres choses :

> Dans certains cas, pas trop n'en faut.
> L'excès en tout est un défaut.

Femmes, vous, sexe enchanteur, sexe consolateur, sexe d'amour et de pitié pour tous les maux des autres; femmes, armez-vous de résignation, de force, de courage;

voilà les seuls voiles qui puissent couvrir votre pudeur ; et rappelez-vous enfin que si la médecine vous soulage, la religion est là présente pour vous soutenir.

FIN.

Errata.

Page 13, ligne 17, au lieu de *Petit Rudel*, lisez *Petit Radel*.

P.   24, l.   13, après épidermoïdes, ajoutez *ou pileux*.

P.   24, l.   26, au lieu de *locals*, lisez *locaux*.

Besançon.—Imprimerie de BINTOT.

www.ingramcontent.com/pod-product-compliance
Lightning Source LLC
Chambersburg PA
CBHW032308210326
41520CB00047B/2352